Análisis físico-mecánico de un retículo triangular

Juan P. Monsalve

Bibliographic information published by the German National Library:

The German National Library lists this publication in the National Bibliography; detailed bibliographic data are available on the Internet at http://dnb.dnb.de.

ISBN: 9783389068564
This book is also available as an ebook.

© GRIN Publishing GmbH
Trappentreustraße 1
80339 München

Print and binding: Books on Demand GmbH, Norderstedt, Germany
Printed on acid-free paper from responsible sources.

GRIN web shop: https://www.grin.com/document/1502530

Análisis Físico-Mecánico de un retículo Triangular

Versión original en idioma español

Juan Monsalve

Abstract: This work offers a rigorous and detailed approach to an essential topic in mechanical and structural engineering, highlighting the importance of theoretical foundations in modern practice. It begins with a dedication to Stepan Tymoshenko, highlighting his engineering legacy, which adds valuable historical perspective. The use of triangular geometry is delved into, applying mathematical and physical rigor that guarantees informed conclusions. Additionally, it contains a writing style inspired by 19th-century scientific texts, providing a distinctive touch that will appeal to readers interested in engineering history. This unique and meticulous approach makes the work a valuable resource for study and a significant contribution to the scientific literature.

Resumen: Este artículo está dedicado a la memoria de Stepán Prokófievich Timoshenko, conocido en Occidente como Stephen Timoshenko, quien es ampliamente reconocido como el padre de la ingeniería mecánica moderna. Nacido en Ucrania en 1878, fue un pionero en el desarrollo de la teoría de la elasticidad y la resistencia de materiales, pilares fundamentales en la ingeniería mecánica y el diseño estructural contemporáneos. Su obra influyó profundamente en el desarrollo de la ingeniería como disciplina científica, plasmándose en textos seminales como *Strength of Materials* y *Theory of Elasticity*, que siguen siendo referencias clave en la educación de ingenieros en todo el mundo.

A lo largo de su carrera, Timoshenko adoptó un enfoque riguroso y matemático, fundamentando sus análisis en conceptos físicos claros y demostraciones matemáticas precisas. Este mismo espíritu es el que intentamos emular con este artículo, el cual sigue el estilo de redacción y presentación de la época en la que Timoshenko realizó

1

sus aportes más significativos. Es por eso que se decide hacer un Back (retro) al espíritu de la Mecánica y la ingeniería originaria de principios de la revolución industrial, ocurrida entre los siglos XVII y XVIII.

En este trabajo se busca explicar y fundamentar cada análisis con conceptos físicos y demostraciones matemáticas que son la interpretación de relaciones trigonométricas y funciones angulares, dejamos a un lado los debates subjetivos basados en creencias personales y volvemos a esos tiempos de abstracción en los cuales Timoshenko se sumió para plasmar el concepto del Momento, y distribución de fuerzas. La redacción de este artículo se hace en letra originaria de *máquina de escribir* y siguiendo un formato de redacción de escritos científicos de finales del siglo XIX, época de auge del conocimiento moderno.

Clarificación de la problemática

Los ingenieros mecánicos y estructurales estamos familiarizados con la geometría triangular, comúnmente utilizada en cerchas y otras estructuras. Existen estándares y tabuladores que ayudan a determinar ángulos de inclinación, posiciones y geometrías, sin embargo, rara vez nos detenemos a reflexionar sobre las ecuaciones y principios que gobiernan los fenómenos físico-mecánicos que imperan en esta geometría tan prevalente en el diseño estructural.

Este artículo combina la experiencia empírica acumulada en años de diseño con un riguroso análisis teórico-matemático, para estudiar un retículo triangular. Primeramente, empezaremos exponiendo el caso de estudio en cuestión, luego desarrollaremos un diagrama de cuerpo libre dónde se expondrán las fuerzas manifiestas, teniendo en cuenta el principio de simetría para realizar la solución conceptual de un triángulo equilátero y escaleno. Seguidamente se realizará un análisis matemático aplicando la estática y la tercera ley de Newton para establecer las ecuaciones generales de las reacciones y fuerzas manifiestas en esta geometría teniendo cómo criterio la asimetría, plasmando conclusiones en el proceso. Llegando a conclusiones que

Ing. Juan P Monsalve G.

aportan una comprensión más profunda de la mecánica subyacente en estas estructuras. Con esto reforzamos la importancia de regresar a los fundamentos teóricos de la ingeniería para abordar problemas complejos. La combinación de análisis empírico y teórico permite un entendimiento más profundo de la mecánica subyacente en estructuras triangulares, con aplicaciones prácticas en el diseño y la optimización de componentes estructurales.

El legado de Timoshenko, el cual unifica la teoría con la práctica, sigue siendo hasta el día de hoy una guía a seguir para los ingenieros modernos cuando seguimos su ejemplo y es por eso que aquí se busca inspirar a las futuras generaciones de ingenieros a explorar los fundamentos científicos de su disciplina con el mismo rigor y dedicación que Timoshenko lo hizo en su momento.

<u>CASO DE ESTUDIO (1) – RETÍCULO TRIANGULAR EQUILÁTERO</u>

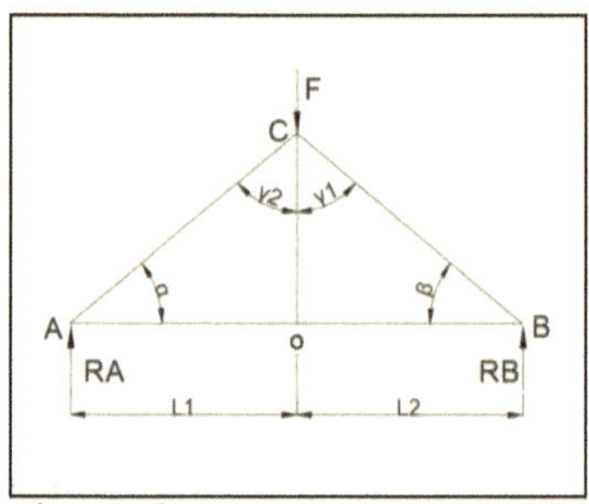

Figura 1
Fuente: Elaboración Propia

La Figura 1 muestra el diagrama de cuerpo libre D.C.L de un retículo triangular equilátero hipotético, sus ángulos internos y la línea de simetría en los puntos C y O.

Primeramente, establecemos que el triángulo es Equilátero o Isósceles siendo $\alpha = \beta$

Realizamos diagrama de cuerpo libre en el nodo C

3

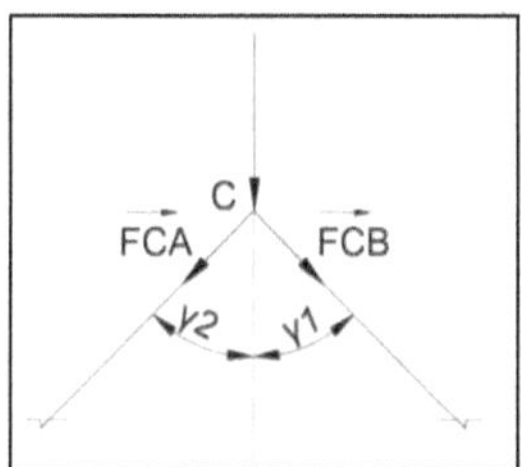

Figura 2
Fuente: Elaboración Propia

La figura 2 muestra una ampliación de vista del Nodo C y la distribución de fuerzas vectoriales en dicho punto.

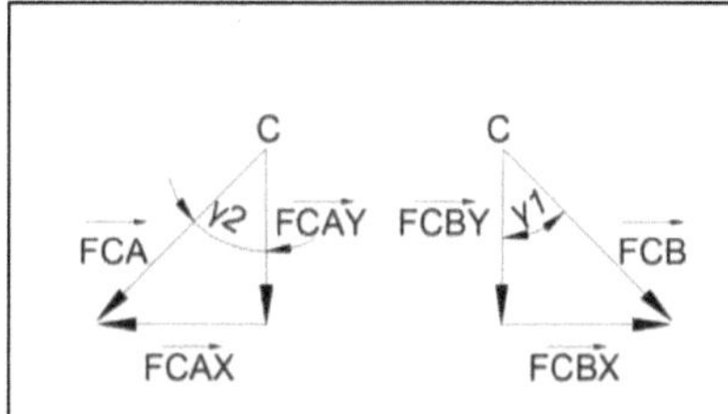

Figura 3
Fuente: Elaboración Propia.

La figura 3 muestra una ampliación de vista del Nodo C y la distribución de fuerzas vectoriales en dicho punto luego de aplicar el principio de simetría.

Sabemos que la fuerza $\vec{F}$ se va a distribuir en 2 fuerzas angulares superpuestas en los tramos $\overline{CA}$ y $\overline{CB}$ respectivamente, ahora la incógnita es saber **¿Qué porcentaje de fuerza se manifiesta en cada tramo?** Para solucionar esta incógnita aplicaremos el principio de simetría, <u>el cual establece:</u>

En un cuerpo o elemento de geometría y composición simétrica se manifiestan los fenómenos físicos a partes iguales.

Basado en esto, la fuerza $\vec{F}$ la dividiremos en dos de la siguiente forma $\overrightarrow{F/2}$ + $\overrightarrow{F/2}$ y dichas fuerzas serán igual a $\overrightarrow{FCAY}$ y $\overrightarrow{FCBY}$ respectivamente.

Ahora sabemos que existen los ángulos $\gamma1$ y $\gamma2$

Matemáticamente

$$\cos\gamma2 = \frac{\|\overrightarrow{FCAY}\|}{\|\overrightarrow{FCA}\|} \Rightarrow \|\overrightarrow{FCA}\| = \frac{\|\overrightarrow{FCAY}\|}{\cos\gamma} \quad (1)$$

$$\cos\gamma1 = \frac{\|\overrightarrow{FCBY}\|}{\|\overrightarrow{FCB}\|} \Rightarrow \|\overrightarrow{FCB}\| = \frac{\|\overrightarrow{FCBY}\|}{\cos\gamma1} \quad (2)$$

Reescribiendo (1) y (2)

$$FCA = \frac{F/2}{\cos\gamma2} \quad (3)$$

$$FCB = \frac{F/2}{\cos\gamma1} \quad (4)$$

Siendo (3) y (4) las ecuaciones que rigen las fuerzas en los tramos $\overline{CA}$ y $\overline{CB}$

$$\gamma2 = 180° - 90° - \alpha = 90 - \alpha$$

$$\gamma1 = 180° - 90° - \beta = 90 - \beta$$

$$\gamma1 = \gamma2$$

PROCEDEMOS A REALIZAR ESTUDIO EN EL NODO "A"

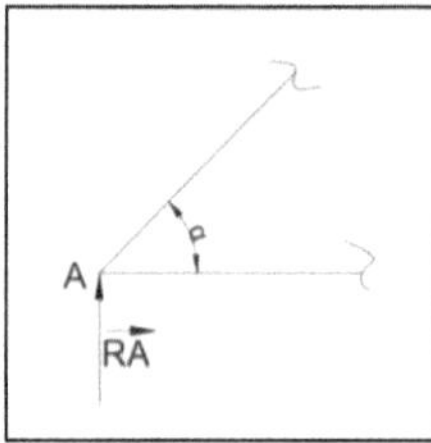

Figura 4
Fuente: Elaboración Propia.

La figura 4 muestra una ampliación de vista del Nodo A y la reacción vectorial en dicho punto.

Ing. Juan P Monsalve G.

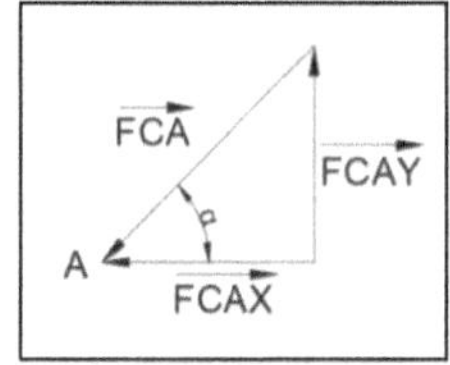

Figura 5
Fuente: Elaboración Propia.

La figura 5 muestra una ampliación de vista del Nodo A y la distribución de fuerzas vectoriales en dicho punto.

De forma análoga al nodo "C", mostrado en la figura 2 y 3 y expresado en las ecuaciones (1) y (2)

$$\sin\alpha = \frac{\|\overrightarrow{FCAY}\|}{\|\overrightarrow{FCA}\|} \Rightarrow \|\overrightarrow{FCAY}\| = \|\overrightarrow{FCA}\| * \sin\alpha = RA \quad (3)$$

PROCEDEMOS A REALIZAR ESTUDIO EN EL NODO B

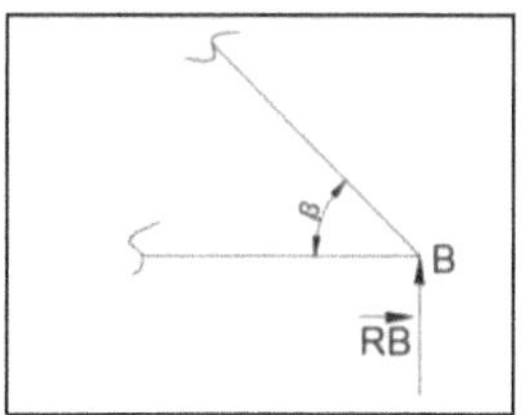

Figura 6
Fuente: Elaboración Propia.

La figura 6 muestra una ampliación de vista del Nodo B y la reacción vectorial en dicho punto.

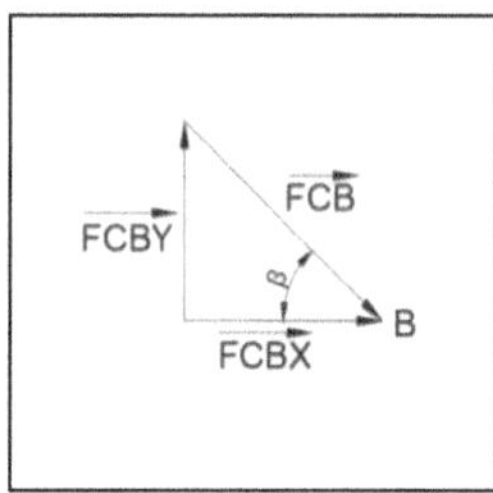

Figura 7
Fuente: Elaboración Propia.

Ing. Juan P Monsalve G.

La figura 7 muestra una ampliación de vista del Nodo B y la distribución de fuerzas vectoriales en dicho punto.

De forma análoga al nodo "A"

$$\sin\beta = \frac{\|\overrightarrow{FCBY}\|}{\|\overrightarrow{FCB}\|} \Rightarrow \|\overrightarrow{FCBY}\| = \|\overrightarrow{FCB}\| * \sin\beta = RB \quad (4)$$

De las figuras 5 y 7 se deduce que $\overrightarrow{FCAY}$ y $\overrightarrow{FCBY}$ son iguales a RA y RB respectivamente usando la 3ra ley de Newton como aval.

Entonces: $RA = RB = {}^{F}\!/_{2}$ (5)

Entendiéndose que en un triángulo simétrico las reacciones en los apoyos son igual a F/2, comportándose físicamente como un arco.

CASO DE ESTUDIO (2)-RETÍCULO TRIANGULAR ESCALENO.

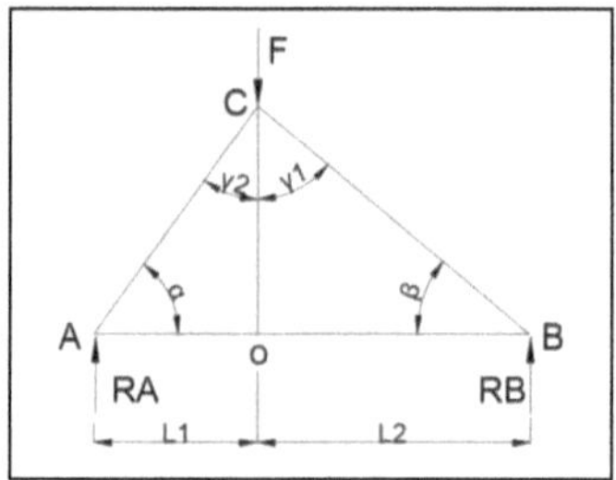

Figura 8
Fuente: Elaboración Propia.

La Figura 8 muestra el diagrama de cuerpo libre D.C.L de un retículo triangular escaleno hipotético, sus ángulos internos y la línea de asimetría en los puntos C y O.

Para este caso usaremos el principio de Equilibrio estático, que establece que la sumatoria de Momentos y Fuerzas en la estructura deben ser igual a "0", (se lee cero)

Establecemos nuestro punto de referencia en "A"

Momento de $\vec{F}$ Respecto de "A" $\overrightarrow{M_A}(\vec{F}) = \overrightarrow{AC} X \vec{F}$

Mecánicamente el Momento es el producto vectorial $\vec{R} X \vec{F}$

Ing. Juan P Monsalve G.

Desplazamos hipotéticamente $\vec{F}$ a "A"

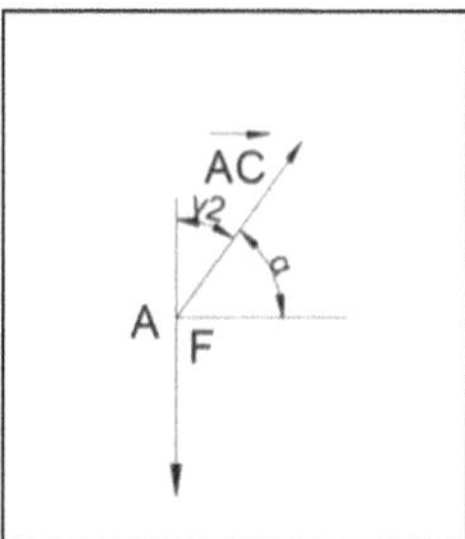

Figura 9
Fuente: Elaboración Propia.

Por álgebra Lineal se demuestra y es sabido que:

$$\| \vec{R} \| . \| \vec{F} \| . \sin(R \nrightarrow F)$$

Dónde $\nrightarrow$ se lee cómo el ángulo entre R y F

Demostración Matemática

$$\| \vec{R} X \vec{F} \| = \| \vec{R} \| . \| \vec{F} \| . \sin\theta \qquad \text{(a)}$$

Primeramente, se define

$$\vec{R} = (a_1 + a_2 + a_3)$$

$$\vec{F} = (b_1 + b_2 + b_3)$$

Módulo de un vector

$$\| \vec{V} \| = \sqrt{V_x^2 + V_y^2 + V_z^2}$$

Por analogía establecemos

$$\| \vec{R} \| = \sqrt{a_1^2 + a_2^2 + a_3^2}$$

$$\| \vec{F} \| = \sqrt{b_1^2 + b_2^2 + b_3^2}$$

$$\| \vec{R} \|^2 = \left(\sqrt{a_1^2 + a_2^2 + a_3^2} \right)^2$$

Ing. Juan P Monsalve G.

$$\| \vec{F} \|^2 = \left(\sqrt{b_1^2 + b_2^2 + b_3^2} \right)^2$$

Entonces:

$$\| \vec{R} \|^2 = a_1^2 + a_2^2 + a_3^2 \ (i)$$

$$\| \vec{F} \|^2 = b_1^2 + b_2^2 + b_3^2 \ (ii)$$

Ahora:

$$\| \vec{R} \|^2 . \| \vec{F} \|^2 = (a_1^2 + a_2^2 + a_3^2) . (b_1^2 + b_2^2 + b_3^2)$$

$$= a_1^2 b_1^2 + a_1^2 b_2^2 + a_1^2 b_3^2 + a_2^2 b_1^2 + a_2^2 b_2^2 + a_2^2 b_3^2 + a_3^2 b_1^2 + a_3^2 b_2^2 + a_3^2 b_3^2 \ (iii)$$

Hacemos Producto Punto Vectorial

$$\vec{R} . \vec{F} = (a_1 + a_2 + a_3) . \ (b_1 + b_2 + b_3)$$

$$= a_1 b_1 + a_2 b_2 + a_3 b_3$$

Entonces:

$$\left(\vec{R} . \vec{F} \right)^2 = (a_1 b_1 + a_2 b_2 + a_3 b_3)^2 \ (iv)$$

Resolviendo el Producto Cruz Vectorial

$$\vec{R} X \vec{F} = (a_1 + a_2 + a_3) X (b_1 + b_2 + b_3)$$

$$\begin{vmatrix} a_1 & a_2 & a_3 \\ b_1 & b_2 & b_3 \end{vmatrix} = \begin{vmatrix} a_2 & a_3 \\ b_2 & b_3 \end{vmatrix} - \begin{vmatrix} a_1 & a_3 \\ b_1 & b_3 \end{vmatrix} + \begin{vmatrix} a_1 & a_2 \\ b_1 & b_2 \end{vmatrix}$$

$$= (a_2 b_3 - a_3 b_2) - (a_1 b_3 - a_3 b_1) + (a_1 b_2 - a_2 b_1)$$

$$= (a_2 b_3 - a_3 b_2 , a_3 b_1 - a_1 b_3 , a_1 b_2 - a_2 b_1)$$

Ahora:

$$\| \vec{R} X \vec{F} \| = \sqrt{(a_2 b_3 - a_3 b_2)^2 + (a_3 b_1 - a_1 b_3)^2 + (a_1 b_2 - a_2 b_1)^2}$$

$$\left\| \vec{R} X \vec{F} \right\|^2 = (a_2 b_3 - a_3 b_2)^2 + (a_3 b_1 - a_1 b_3)^2 + (a_2 b_1 - a_1 b_2)^2$$

$$= a_2 b_3{}^2 - 2 a_2 b_3 a_3 b_2 + a_3 b_2{}^2 + a_3 b_1{}^2 - 2 a_3 b_1 a_1 b_3 + a_1 b_3{}^2 + a_2 b_1{}^2 - 2 a_2 b_1 a_1 b_2 + a_1 b_2{}^2 \ (v)$$

Realizando (iii)-(iv)

$$a_1^2 b_1^2 + a_1^2 b_2^2 + a_1^2 b_3^2 + a_2^2 b_1^2 + a_2^2 b_2^2 + a_2^2 b_3^2 + a_3^2 b_1^2 + a_3^2 b_2^2 + a_3^2 b_3^2 - (a_1 b_1 + a_2 b_2 + a_3 b_3)^2$$

Realizando el trinomio cuadrado perfecto

Ing. Juan P Monsalve G.

$$(a_1b_1 + a_2b_2 + a_3b_3)^2 = a_1^2b_1^2 + a_2^2b_2^2 + a_3^2b_3^2 + 2\,a_1b_1a_2b_2 + 2\,a_1b_1a_3b_3 + 2a_2b_2a_3b_3$$

Nos queda:

$$a_1^2b_1^2 + a_1^2b_2^2 + a_1^2b_3^2 + a_2^2b_1^2 + a_2^2b_2^2 + a_2^2b_3^2 + a_3^2b_1^2 + a_3^2b_2^2 + a_3^2b_3^2 - a_1^2b_1^2 - a_2^2b_2^2 - a_3^2b_3^2 - 2\,a_1b_1a_2b_2 -$$
$$2\,a_1b_1a_3b_3 - 2a_2b_2a_3b_3$$

$$= a_1^2b_2^2 + a_1^2b_3^2 + a_2^2b_1^2 + a_2^2b_3^2 + a_3^2b_1^2 + a_3^2b_2^2 - 2\,a_1b_1a_2b_2 - 2\,a_1b_1a_3b_3 - 2a_2b_2a_3b_3$$
$$(6)$$

Se establece que (v) = (vi), se deja que el lector haga la
revisión cómo ejercicio.

Téngase presente de (vi) = (iii)-(iv)

Por ende, podemos establecer la siguiente igualdad.

$$\left\|\vec{R}X\vec{F}\right\|^2 = \|\,\vec{R}\,\|^2 . \|\,\vec{F}\,\|^2 - \left(\vec{R}.\vec{F}\right)^2$$

Se sabe que:

$$\cos\theta = \frac{\vec{R}.\vec{F}}{\|\,\vec{R}\,\|.\|\,\vec{F}\,\|} \Longrightarrow \|\,\vec{R}\,\|.\|\,\vec{F}\,\|\cos\theta = \vec{R}.\vec{F}$$

Así:

$$\left\|\vec{R}X\vec{F}\right\|^2 = \|\,\vec{R}\,\|^2 . \|\,\vec{F}\,\|^2 - \|\,\vec{R}\,\|^2 . \|\,\vec{F}\,\|^2\cos^2\theta$$

$$\left\|\vec{R}X\vec{F}\right\|^2 = \|\,\vec{R}\,\|^2 . \|\,\vec{F}\,\|^2\,(1 - \cos^2\theta)$$

Por identidad trigonométrica

$$\cos^2\theta + \sin^2\theta = 1 \Rightarrow 1 - \cos^2\theta = \sin^2\theta$$

Entonces:

$$\left\|\vec{R}X\vec{F}\right\|^2 = \|\,\vec{R}\,\|^2 . \|\,\vec{F}\,\|^2\sin^2\theta$$

Sacando raíz en ambos términos de la igualdad

$$\|\,\vec{R}X\vec{F}\,\| = \|\,\vec{R}\,\|.\|\,\vec{F}\,\|\sin\theta \quad (\text{vii})$$

Quedando demostrado (a)

Ahora:

$$R \not> F = 180 - \gamma 2 \Rightarrow R \not> F = (\pi - \gamma 2)$$

Ing. Juan P Monsalve G.

Por propiedad trigonométrica se sabe $\sin(180 - \phi) = \sin\phi$

Se demuestra mediante el circulo trigonométrico de radio 1, mostrado en la figura 10

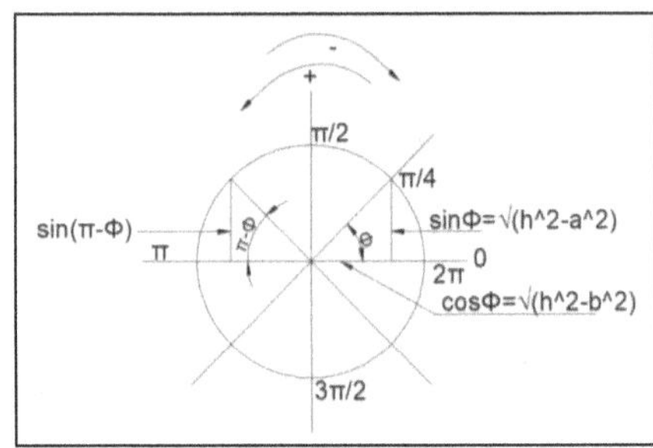

Figura 10
Fuente: Elaboración Propia.

La Figura 10 muestra el círculo trigonométrico de radio 1

Luego:

$$\vec{M_A}(\vec{F}) = \|\overline{AC}\| . \|\overline{F}\| . \sin(\gamma 2) \quad (6)$$

De la figura 8 se extrae:

$$\sin(\gamma 2) = \frac{\|\overline{AO}\|}{\|\overline{AC}\|} \quad (7)$$

Sustituyendo (7) en (6)

$$\vec{M_A}(\vec{F}) = \|\overline{AC}\| . \|\overline{F}\| . \frac{\|\overline{AO}\|}{\|\overline{AC}\|} \quad (8)$$

$$\vec{M_A}(\vec{F}) = F . \overline{AO} \quad (9)$$

Dato Curioso: En la práctica, es común emplear la técnica de "Bajar la Fuerza" o "go down the force" en el tramo $\overline{AB}$ con origen en "O" para simplificar el cálculo de la sumatoria de momentos. Aunque este enfoque es matemáticamente válido en los cálculos, es importante entender que desde un punto de vista físico el vector de fuerza no sigue realmente esa trayectoria. No obstante, hemos demostrado matemáticamente que esta técnica es correcta para efectos de cálculo.

Ing. Juan P Monsalve G.

Haciendo sumatoria de Momentos en "A" demostrados en el desarrollo matemático realizado entre las fórmulas (6) y (9.

$$\sum M_A = -AO * F + (L1 + L2) * RB = 0$$

$$-L1 * F + (L1 + L2) * RB = 0$$

$$(L1 + L2) * RB = L1 * F$$

$$RB = \frac{L1}{(L1 + L2)} * F \quad (10)$$

Siendo $(L1 + L2) = \overline{AB}$

$$RB = \frac{L1}{\overline{AB}} * F \quad (11)$$

Haciendo sumatoria de Fuerzas con respecto a las Ordenadas en condición de equilibrio

$$\sum F_Y = 0$$

$$-F + RA + RB = 0$$

$$-F + RA + \frac{L1}{\overline{AB}} * F = 0$$

$$RA = F - \frac{L1}{\overline{AB}} * F$$

$$RA = F \left(1 - \frac{L1}{\overline{AB}} \right)$$

$$RA = F \left(\frac{\overline{AB} - L1}{\overline{AB}} \right) \quad (12)$$

Cómo $\overline{AB} - L1 = \overline{OB}$

Reescribiendo (11)

$$RA = F \left(\frac{\overline{OB}}{\overline{AB}} \right) \quad (13)$$

De las ecuaciones (11) y (13) se deduce:

Ing. Juan P Monsalve G.

Sí F se aplica en C y C se encuentra hacia la derecha del punto medio de $\overline{AB}$

Entonces $RA < RB$

Sí F se aplica en C y C se encuentra hacia la izquierda del punto medio de $\overline{AB}$

Entonces $RA > RB$

Sí $\vec{F}$ se aplica en C y C se encuentra en el punto medio de $\overline{AB}$

Entonces $RA = RB$ (Corroborando el principio de Simetría)

CÁLCULO DE LAS FUERZAS MANIFIESTAS EN LOS TRAMOS $\overline{CA}$ Y $\overline{CB}$

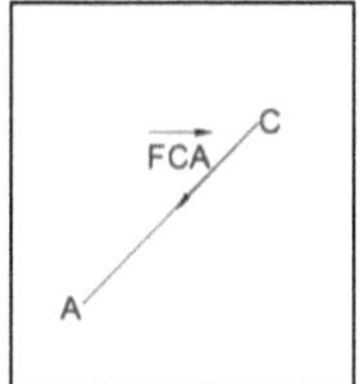

Figura 11
Fuente: Elaboración Propia.

La Figura 11 muestra el diagrama de cuerpo libre D.C.L del tramo $\overline{CA}$.

Aplicando el Principio de transitividad podemos desplazar la Fuerza $\overrightarrow{FCA}$ a lo largo de toda su línea de acción hasta el nodo A

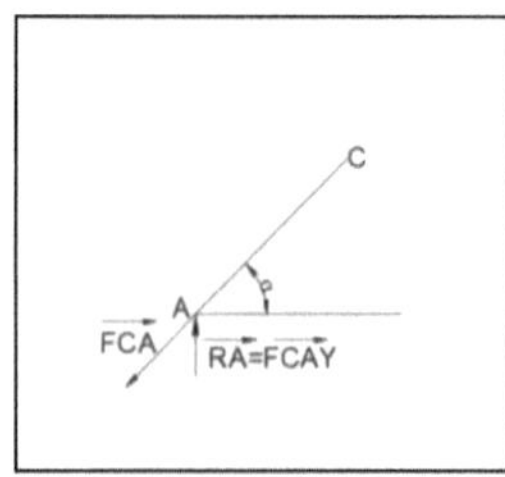

Figura 12
Fuente: Elaboración Propia.

Ing. Juan P Monsalve G.

*La Figura 12 muestra el diagrama de cuerpo libre D.C.L del tramo $\overline{CA}$
Y su reacción vectorial en A.*

Nótese que la reacción en A $\vec{RA}$ es la componente Y de $\vec{FCA}$ y es
igual a $\vec{FCAY}$

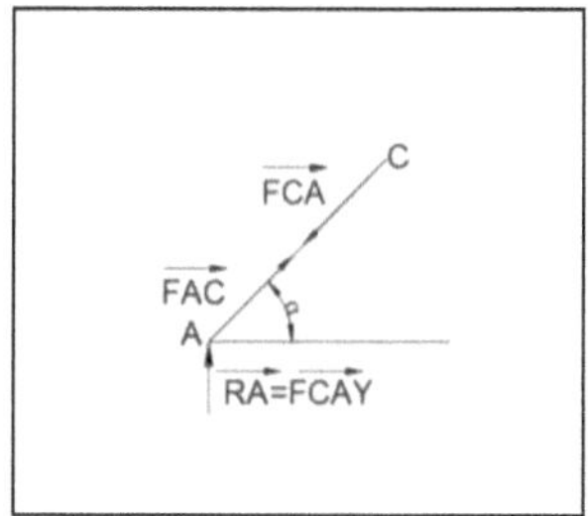

Figura 13
Fuente: Elaboración Propia.

*La figura 13 muestra la distribución vectorial de fuerzas validado
por la 3ra ley de Newton $\vec{FCA}$ $=\vec{FAC}$ (Principio de acción y reacción.*

Se debe mantener el equilibrio estático y por ende las fuerzas
manifiestas en el tramo $\overline{CA}$ se **anulan** entre sí.

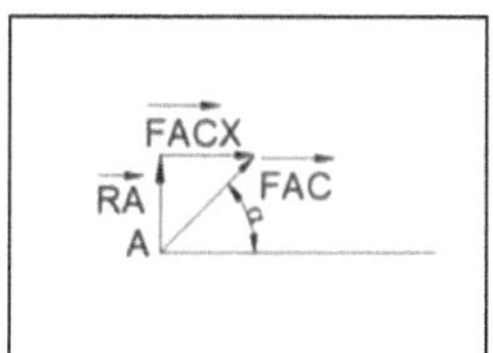

Figura 14
Fuente: Elaboración Propia.

La figura 14 muestra que $\vec{RA}$ $=\vec{FACY}$.

Ahora:

Por trigonometría

$$\sin \alpha = \frac{\| \vec{RA} \|}{\| \vec{FAC} \|}$$

$$\vec{FAC} = \frac{\vec{RA}}{\sin \alpha} \quad (14)$$

Ing. Juan P Monsalve G.

$$\sin \alpha = \overline{CO}\big/\overline{CA} \quad (15)$$

Sustituyendo (13) y (15) en (14)

$$F\overrightarrow{CA} = \frac{\dfrac{F.\overline{OB}}{\overline{AB}}}{\dfrac{\overline{CO}}{\overline{CA}}} = \frac{\overline{CA} * F * \overline{OB}}{\overline{CO} * \overline{AB}} \quad (16)$$

De forma análoga se hace con $\overrightarrow{FCB}$ (Se deja cómo ejercicio para el lector)

$$F\overrightarrow{CB} = \frac{(\overline{AB} - L1) * F * L1}{\overline{CO} * L2} \quad (17)$$

De esta manera, hemos establecido las fórmulas que determinan el valor absoluto de las fuerzas actuantes en los tramos $\overrightarrow{CA}$ y $\overrightarrow{CB}$, así como las ecuaciones que gobiernan las reacciones en configuraciones de triángulo equilátero y triángulo escaleno. Además, hemos demostrado que la práctica de proyectar la fuerza aplicada en el vértice superior del retículo triangular hacia el tramo $\overline{AB}$ y multiplicarla por la longitud de uno de los vértices inferiores para calcular el momento es válida, ya que está respaldada matemáticamente.

Finalmente

Con este artículo se tiene un potencial significativo para influir en el diseño de estructuras más eficientes e innovadoras. Al comprender en profundidad cómo se distribuyen y manifiestan las fuerzas en un retículo triangular, con ello es posible optimizar la geometría y selección de materiales para crear estructuras que sean tanto ligeras como robustas.

Por ejemplo, la utilización de retículos triangulares con materiales avanzados podría permitir el desarrollo de estructuras que maximicen la eficiencia del material, minimizando el peso sin comprometer la integridad estructural. Esta optimización no solo resulta en una reducción de costos de construcción, sino que también mejora la sostenibilidad de los proyectos al utilizar menos recursos.

Este enfoque también puede ser aplicado en la ingeniería sísmica, donde la capacidad de una estructura para distribuir eficientemente las cargas es vital para resistir eventos sísmicos. En resumen, las conclusiones de este trabajo no solo aportan valor académico, sino que también tienen un impacto directo en la práctica de la ingeniería, permitiendo el diseño de estructuras más eficientes, seguras y sostenibles.

RESULTADOS

Fórmulas generales de fuerzas en retículo triangular

Rescribiendo las longitudes L1 Y L2 en relaciones a los segmentos correspondientes:

$$\vec{FCA} = \frac{\overline{CA} * F * \overline{OB}}{\overline{CO} * \overline{AB}}$$

$$\vec{FCB} = \frac{(\overline{AB} - \overline{OA}) * F * \overline{OA}}{\overline{CO} * \overline{OB}}$$

$$RA = F \left(\frac{\overline{OB}}{\overline{AB}} \right)$$

$$RB = F * \frac{\overline{OA}}{\overline{AB}}$$

Ing. Juan P Monsalve G.

Ejemplo de aplicación del método

Una cercha conformada por retículos triangulares es sometida a una carga distribuida de 4t. Calcular las fuerzas en las barras inclinadas y las reacciones.

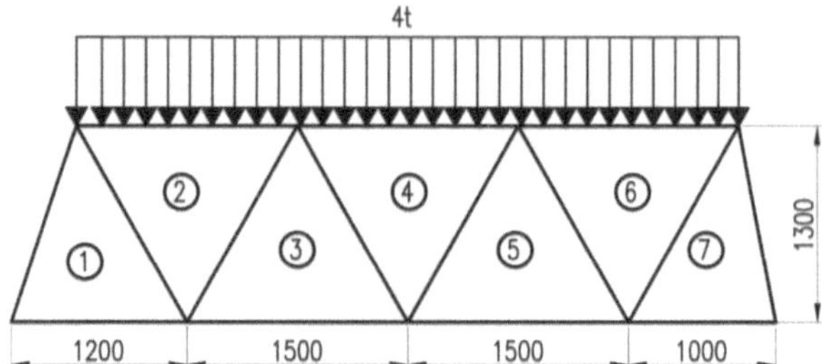

Figura 15
Fuente: Elaboración Propia.

La figura 15 una cercha compuesta por retículos triangulares.

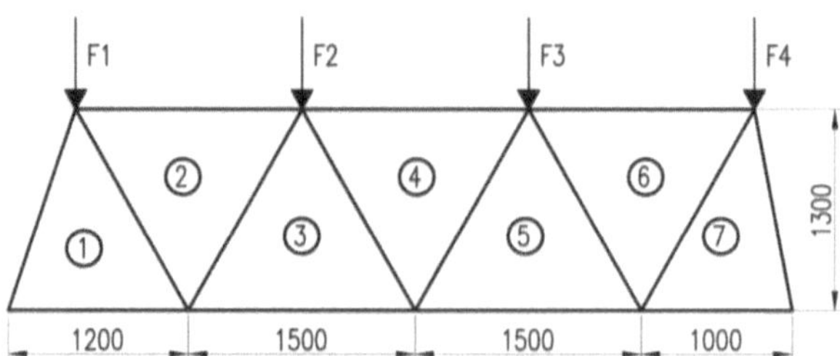

Figura 16
Fuente: Elaboración Propia.

La figura 16 la discretización de la carga en fuerzas puntuales en cada nodo superior de cada retículo.

Ing. Juan P Monsalve G.

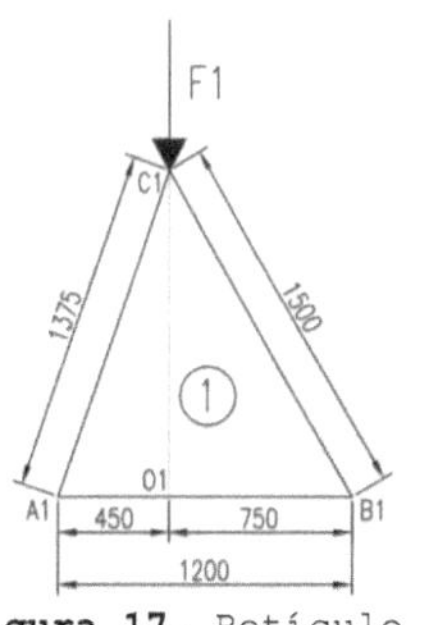

Figura 17, Retículo 1
Fuente: Elaboración
Propia.

$$\vec{FCA1} = \frac{\overline{CA} * F * \overline{OB}}{\overline{CO} * \overline{AB}} = \frac{1.375m * 1000kg * 0.75m}{1.3m * 1.2m} = 652kg$$

$$\vec{FCB1} = \frac{(\overline{AB} - \overline{OA}) * F * \overline{OA}}{\overline{CO} * \overline{OB}}$$

$$\vec{FCB1} = \frac{(1.2m - 0.45m) * 1000kg * 0.45m}{1.3m * 0.75m} = 346kg$$

$$RA1 = F\left(\frac{\overline{OB}}{\overline{AB}}\right) = 1000\text{KG}\left(\frac{0.75m}{1.2m}\right) = 625\text{kg}$$

$$RB1 = F * \frac{\overline{OA}}{\overline{AB}} = 1000\text{kg} * \frac{0.45m}{1.2m} = 375kg$$

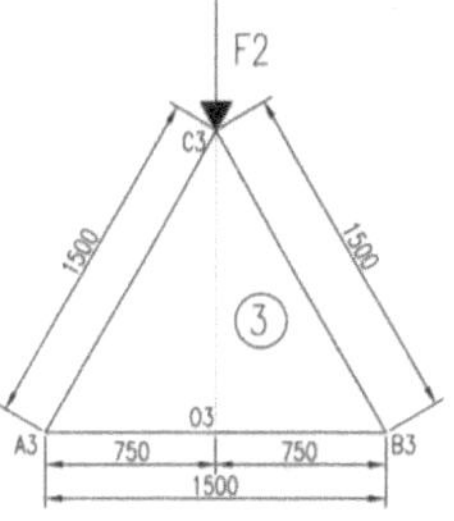

Figura 18, Retículo 3
Fuente: Elaboración
Propia.

$$\vec{FCA3} = \frac{\overline{CA} * F * \overline{OB}}{\overline{CO} * \overline{AB}} = \frac{1.5m * 1000kg * 0.75m}{1.3m * 1.5m} = 578kg$$

$$\vec{FCB3} = \frac{(\overline{AB} - \overline{OA}) * F * \overline{OA}}{\overline{CO} * \overline{OB}}$$

$$\vec{FCB3} = \frac{(1.5m - 0.75m) * 1000kg * 0.75m}{1.3m * 0.75m} = 578kg$$

$$RA3 = F\left(\frac{\overline{OB}}{\overline{AB}}\right) = 1000\text{KG}\left(\frac{0.75m}{1.5m}\right) = 500\text{kg}$$

$$RB3 = F * \frac{\overline{OA}}{\overline{AB}} = 1000\text{kg} * \frac{0.75m}{1.5m} = 500kg$$

La distribución de fuerzas en el retículo (5) es
igual al retículo (3)

$$\vec{FCA3} = \vec{FCA5}$$
$$\vec{FCB3} = \vec{FCB5}$$
$$RA3 = RA5$$
$$RB3 = RB5$$

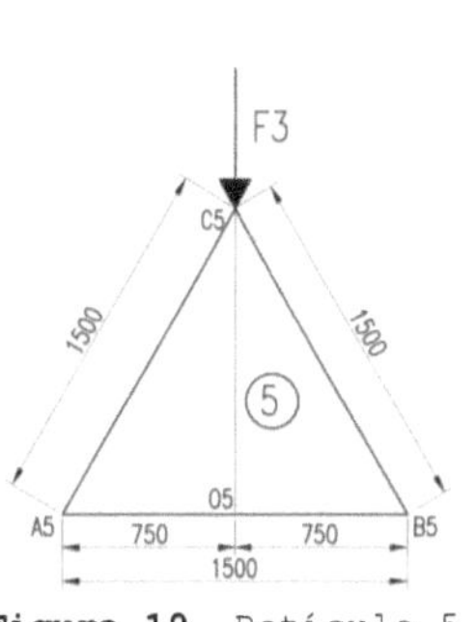

Figura 19, Retículo 5

Ing. Juan P Monsalve G.

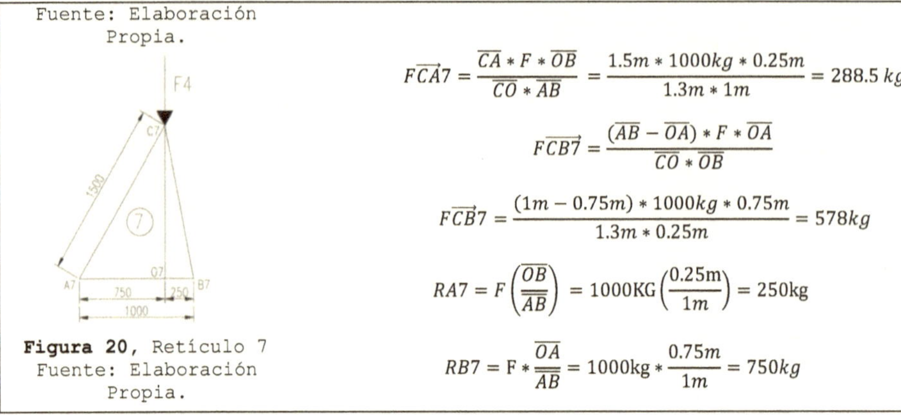

Fuente: Elaboración Propia.

$$F\overrightarrow{CA}7 = \frac{\overline{CA} * F * \overline{OB}}{\overline{CO} * \overline{AB}} = \frac{1.5m * 1000kg * 0.25m}{1.3m * 1m} = 288.5\,kg$$

$$F\overrightarrow{CB7} = \frac{(\overline{AB} - \overline{OA}) * F * \overline{OA}}{\overline{CO} * \overline{OB}}$$

$$F\overrightarrow{CB7} = \frac{(1m - 0.75m) * 1000kg * 0.75m}{1.3m * 0.25m} = 578kg$$

$$RA7 = F\left(\frac{\overline{OB}}{\overline{AB}}\right) = 1000KG\left(\frac{0.25m}{1m}\right) = 250kg$$

$$RB7 = F * \frac{\overline{OA}}{\overline{AB}} = 1000kg * \frac{0.75m}{1m} = 750kg$$

Figura 20, Retículo 7
Fuente: Elaboración
Propia.

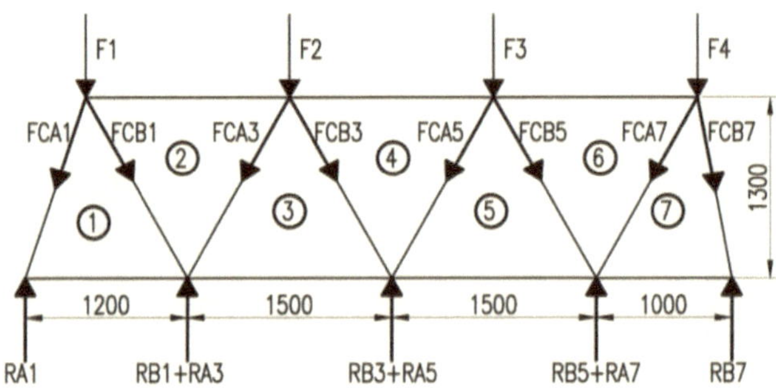

Figura 21
Fuente: Elaboración Propia.

La figura 21 Muestra la distribución vectorial de fuerzas en la cercha.

Ing. Juan P Monsalve G.

CONCLUSIONES

Este estudio sobre el análisis físico-mecánico de retículos triangulares ha logrado tener mayor comprensión de la distribución de fuerzas y reacciones dentro de configuraciones de triángulos equiláteros y escalenos, estableciendo fórmulas y principios que pueden aplicarse en el diseño de estructuras eficientes y resistentes.

El enfoque histórico, inspirado por los pioneros de la ciencia moderna, no solo ha permitido un retorno a los fundamentos teóricos de la ingeniería, sino que también ha abierto nuevas vías para aplicar estos conocimientos en la resolución de problemas contemporáneos.

Más allá de los resultados obtenidos, este trabajo invita a la comunidad académica y profesional a considerar la integración de un análisis matemático riguroso con la práctica empírica, con el objetivo de explorar nuevas aplicaciones en el diseño estructural y otras áreas de la ingeniería.

Esperamos que esto sirva como fuente de inspiración para futuras investigaciones, alentando a ingenieros y científicos a abordar los desafíos actuales con el mismo rigor y dedicación que caracterizó a los grandes maestros de nuestra disciplina. Con esto, no solo reforzamos la relevancia de los principios teóricos, sino que también subrayamos su potencial para generar innovaciones que podrían influir en el diseño y desarrollo de nuevas tecnologías y estructuras en el futuro.

Ing. Juan P Monsalve G.

Referencias

- Timoshenko, Stephen P. *Strength of Materials*. 3rd ed. Vol. 1. New York: D. Van Nostrand Company, 1955.

- Grossman, Stanley I. *Linear Algebra*. Philadelphia: Saunders College Publishing, 1988.

P.D: las referencias se realizaron según normativa Chicago

Ing. Juan P Monsalve G.